U0598800

奥秘世界谜团

李 勇 编著　丛书主编 郭艳红

外星人：迎接天外来客

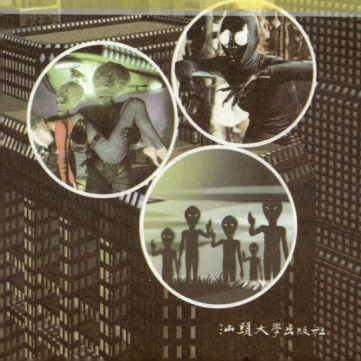

汕头大学出版社

图书在版编目（CIP）数据

外星人：迎接天外来客 / 李勇编著. -- 汕头 ： 汕
头大学出版社，2015.3（2020.1重印）
　　（青少年科学探索营 / 郭艳红主编）
　　ISBN 978-7-5658-1641-3

Ⅰ．①外… Ⅱ．①李… Ⅲ．①地外生命—青少年读物
Ⅳ．①Q693-49

中国版本图书馆CIP数据核字(2015)第025926号

外星人：迎接天外来客　　WAIXINGREN：YINGJIE TIANWAI LAIKE

编　　著：李　勇
丛书主编：郭艳红
责任编辑：胡开祥
封面设计：大华文苑
责任技编：黄东生
出版发行：汕头大学出版社
　　　　　广东省汕头市大学路243号汕头大学校园内　邮政编码：515063
电　　话：0754-82904613
印　　刷：三河市燕春印务有限公司
开　　本：700mm×1000mm　1/16
印　　张：7
字　　数：50千字
版　　次：2015年3月第1版
印　　次：2020年1月第2次印刷
定　　价：29.80元
ISBN 978-7-5658-1641-3

前　言

　　科学探索是认识世界的天梯，具有巨大的前进力量。随着科学的萌芽，迎来了人类文明的曙光。随着科学技术的发展，推动了人类社会的进步。随着知识的积累，人类利用自然、改造自然的的能力越来越强，科学越来越广泛而深入地渗透到人们的工作、生产、生活和思维等方面，科学技术成为人类文明程度的主要标志，科学的光芒照耀着我们前进的方向。

　　因此，我们只有通过科学探索，在未知的及已知的领域重新发现，才能创造崭新的天地，才能不断推进人类文明向前发展，才能从必然王国走向自由王国。

　　但是，我们生存世界的奥秘，几乎是无穷无尽，从太空到地球，从宇宙到海洋，真是无奇不有，怪事迭起，奥妙无穷，神秘莫测，许许多多的难解之谜简直不可思议，使我们对自己的生命现象和生存环境捉摸不透。破解这些谜团，有助于我们人类社会向更高层次不断迈进。

　　其实，宇宙世界的丰富多彩与无限魅力就在于那许许多多的难解之谜，使我们不得不密切关注和发出疑问。我们总是不断地去认识它、探索它。虽然今天科学技术的发展日新月异，达到了很高程度，但对于那些奥秘还是难以圆满解答。尽管经过古今中外许许多多科学先驱不断奋斗，一个个奥秘被不断解开，推进了科学技术大发展，但随之又发现了许多新的奥秘，又不得不向新问题发起挑战。

宇宙世界是无限的，科学探索也是无限的，我们只有不断拓展更加广阔的生存空间，破解更多的奥秘现象，才能使之造福于我们人类，我们人类社会才能不断获得发展。

为了普及科学知识，激励广大青少年认识和探索宇宙世界的无穷奥妙，根据中外最新研究成果，编辑了这套《青少年科学探索营》，主要包括基础科学、奥秘世界、未解之谜、神奇探索、科学发现等内容，具有很强系统性、科学性、可读性和新奇性。

本套作品知识全面、内容精炼、图文并茂，形象生动，能够培养我们的科学兴趣和爱好，达到普及科学知识的目的，具有很强的可读性、启发性和知识性，是我们广大青少年读者了解科技、增长知识、开阔视野、提高素质、激发探索和启迪智慧的良好科普读物。

目 录

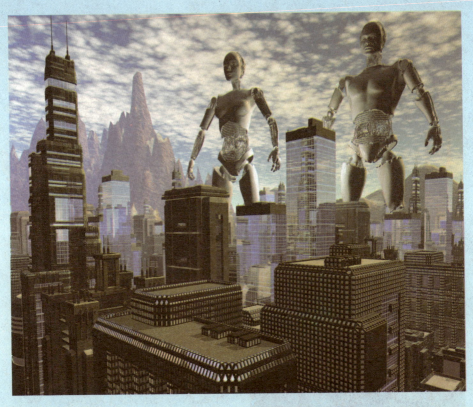

外星人青睐地球人

外星人对地球情有独钟

外星人曾神秘降临在地球很多地方，据说有些人与外星人有过亲密的接触。

根据不完全的统计，到目前为止，世界上发生的与外星人相关的事件已经超过10万件，而且每年还以3000多件的速度向上递增。

　　从地理角度来看，有可靠证据证明的外星人降临地球的事件大多数发生在美国，其次，发生在巴西、阿根廷。

外星人频繁光临地球各处

　　仔细翻阅收集到的所有事件记录，人们会吃惊地发现，外星人似乎对地球有着"非同寻常"的兴趣，它们的足迹几乎遍及地球各地。

　　1954年8月3日，一个凸透镜形状的不明飞行物突然降落在非洲马达加斯加的一个机场旁边，两分钟之后又垂直飞向了天空，瞬间消失得无影无踪。

飞行物停降过的地方留下了一个直径10米的圆圈，圈内所有的石子全部都被碾成了粉末。

仅仅一个月之后，外星人又"突访"欧洲。当年9月10日，不明飞行物再次现身法国。

一年之后，外星人又"辗转"到了美国。1955年8月21日，美国肯塔基州的萨顿一家11口亲眼目睹三个外星人降临地球，家中的男人甚至还曾向外星人不断地开枪。1967年5月5日，不明飞行物再次在法国降落。

20世纪70年代，外星人似乎将注意力转向了苏联。根据相关报道，一个圆形飞行物曾突然降落在苏联的中亚地区。

人们发现了一个紫色眼睛、手指脚趾间有蹼的外星人婴儿，

但这个神秘的生物在很短的时间之内就死亡了。

1970年到1980年，外星人仿佛对美国更加"情有独钟"。仅在美国就发生了80多起与外星人相关的事件。

此后，亚洲成为外星人频繁造访的热点地区。据统计，中国收到了有关外星人的5000多份报告，2000年更堪称为外星人的"亚洲年"。

2000年6月，不明飞行物先是在阿联酋上空徘徊，之后又在8月掠过巴基斯坦的一个山村，上千村民目睹了一切。

不久之后，土耳其西部一城镇的众多居民先后遭遇一个体形异样、头大脚小、身穿银灰"衣服"的外星人。

外星人绑架地球人

在世界各地，许多有着不同职业、不同年龄、背景的人声称自己曾与外星人有过"亲密接触"。离奇的经历令世人都瞪大了眼睛，几乎不敢相信好莱坞科幻电影中才有的情节会真实地发生在身边。

这些事件中有很大一部分是"绑架案"。事件的显著特点就是：外星人劫持人类，用先进的技术对人类进行检查和研究，事情过后并对人类进行"洗脑"，甚至作上标记。

许多有此经历的人往往有一段"时间空白"，也就是说，即便他们绞尽脑汁也无法回忆起在这段时间内自己到底做了些什

么。但是在睡梦中受到刺激或是被催眠的时候，他们会猛然间想起自己曾遭到外星人的"绑架"。

最著名的被"绑架"者要算35岁的美国田径名将卡琳了。她从1994年开始意识到自己曾经被外星人多次"绑架"。她在精神医生的帮助下，清晰地回忆起曾经"绑架"过自己的外星人的样子。她说道：这个生物大约1米多高，眼睛很大，头与身体明显不成比例，而鼻子很小，嘴像一道细缝，皮肤的颜色是深灰色，还有奇怪的纹理。

养育外星人的事件

俄罗斯《真理报》曾经记载了一桩人类养育外星人的事件。1996年，在俄罗斯车里雅宾斯科市附近的一个村庄里，一名叫做塔玛拉·普洛斯威莉娜的年迈老妇在墓地旁发现了一个只有25厘米高的外星人。

这个奇怪的生物皮肤的颜色是黑灰色的，眼睛几乎占据了整张脸，虽不能说话，但却能发出类似口哨的声音。

普洛斯威莉娜把这个外星人带回了家，细心的照顾着。不久之后，由于普洛斯威莉娜被送进

了当地的精神病院，这个外星人因没有人喂养而很快死去，尸体最后竟然变成了一具"木乃伊"。

后来，经过调查医学专家们发现，这具尸体至少有20处与人类有着截然不同的特征，而且他们肯定这不是一个畸形婴儿。当专家们期望亲自询问"喂养者"的时候，普洛斯威莉娜却在深夜冲上高速公路，死于迎面驶来的汽车轮下。这一切听上去比天方夜谭的故事还要离奇，这样的事件真的发生过吗？

延　伸　阅　读

有研究者认为，外星人来到地球后，利用生物遗传工程或人工合成地球人的机体外壳，安装上外星人的大脑、神经、思维，制造一种地球人的躯体、然后再以外星人的头脑，用思维信息波，同地球人进行交流。

外星人目击报告

千人目击的不明飞行物

　　1980年6月14日至15日午夜时分，一个巨大的太空飞行器飞行了900千米的距离。这个飞行器在距离苏联首都西北150千米的加里守市出现，向南飞往梁赞，然后转而由西飞往高尔基市，最后在荒无人烟的鞑靼草原消失了。

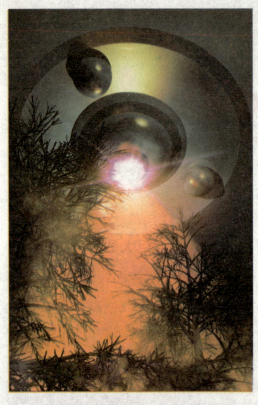

众多的目击者说的都是同一物体，即那是一个橘红色的犹如月亮一样的圆形发光物，后面拖着一条光亮的尾巴。飞碟在空中忽而停下不动，忽而改变速度和高度，并且能放出小的物体。这些散落在夜空的小物体不停地旋转着，它们便是探测器，有的还有"人"驾驶。

根据对目击者提供的材料进行初步研究，看到过这一飞行物的人数超过1000人。研究小组的科学家们认为，这个空间飞行物中心部分的直径大约93米，飞行速度达每小时115千米。它的尾部释放出一种气体，因而使整个飞行物像一艘长形飞艇。

不明飞行物中的小人儿

苏联军队中校奥列格·卡尔亚京是这一事件的目击者，当天大约零点一刻，他发现一个直径有360米的飞行物在他住所附近30米处飘动，当他企图靠近它时，却似乎被一种什么力量所阻挠。不一会儿，那个物体悄悄地落到地上，然后又飞起来，接着便快速消失在夜色中了。

奥列格·卡尔亚京中校再也没有看到什么，然而他的邻居却从另一个角度观察到了那个飞行器。他说他通过透明飞行器上半部看到飞行器里有很多穿着宇航服的人的身影，那些人看起来比正常的人小了很多。

居住在谢尔塔诺沃郊区的莫斯科电视台节目负责人之一亚列山大·库列什科夫和他的妻子也观察到了这一现象。库列什科夫说他半夜时分被楼外一种刺耳的噪音惊醒，向窗外一看，发现有一个像冷藏车一样的东西，但比冷藏车要大。在它旁边，好像有一个人影在晃动，那个人小得出奇。

第二天早晨，他的妻子讲述了相似的情节，不同的是，她是被耀眼的光线惊醒的。当时，她虽闭着眼睛，但仍感到了刺眼的强光。她同样也听到了响声。当时她害怕极了，把头缩进被子里，并且感到两臂发烫。当一切过去之后，她发现在她的手臂上布满了红斑，第二天清晨，臂上的红斑却消失了。

另外，在北极附近靠近叶尼塞河口上空也出现不明飞行物的情况。苏联的空军

上尉弗拉基米尔·杜布特索夫在巡逻时观察到一个巨大的太空船，它的体积和6月14日出现在莫斯科上空的那个飞行物差不多。

这位上尉几次企图尾随观察它，并希望能和飞行物中的外星人取得联系，然而在靠近飞行器后，这架军用飞机上的仪器仪表却失灵了。于是飞机开始摇晃并几乎坠落，直至不明飞行物消失后才恢复正常。

电磁波干扰武器

地球上所有的生物为了生存，都有他们各自的自卫方法。地球人还制造出许多先进武器，来保卫自己的领土和民族的生命财产安全。

那么，外星人也有自卫武器吗？我们还是从发生在地球上的许多极其相似的事件案例中，选出一些有代表性的实例来进行分析探讨得出结论。

1954年7月1日中午，美国格里菲斯空军基地的雷达探测到了基地附近空域有一个不明飞行物。

于是，该基地下令，让一架星火式喷气战斗机紧急起飞，战斗机在基地的指挥下，很快便发现了一个发光的碟形不明飞行物。然而，当这架战斗机向其所发现的目标靠近，瞄准这个不明飞行物时，战斗机的座舱突然热得像火炉，于是驾驶员在难以忍受的情况下抛机跳伞。

1958年的一天，一架美国军用运输机从美国夏威夷飞往日

本。在漆黑的夜里，飞机飞行的空域附近，突然出现了一道刺眼的强光。这时，该机雷达也探测到了飞行物体的形象。

机长命令，向不明飞行物体发射一枚火箭。这时，不明飞行物也立即发射出了一道奇异的红色光，火箭失去作用，随即不明飞行物便迅速飞出雷达所能测定的范围以外。

1982年6月18日21时55分，中国空军高速歼击机从华北某机场起飞，经内蒙古上空向某地做夜航飞行时，沿电罗盘指示方向发现了不明飞行物。

这时在地面指挥塔台前方的山脊上出现了一片钟罩状形的怪云，此时，夜航机的无线电突然失灵了，电罗盘也失灵了，夜航机受到严重的干扰。

不为人类理解的武器

1975年2月14日13时分，一位名叫安托万的先生在雷于尼翁的珀蒂岛上游玩，忽然被一束强烈的闪光击倒，这束光是从该岛

上空的不明飞行物上所发射出来的。

当时安托万先生立即昏迷了过去，被身旁的人们送到医院治疗，在经过3天昏迷后，安托万先生才苏醒过来。事后，安托万先生在一段时间内，身体非常疲乏、虚脱，甚至有时候失去了说话能力。

1959年9月25日，美国一架四引擎埃雷克特拉式524号班机，在飞往纽约途中，飞到得克萨斯州布法罗空域时，空中突然燃起一团烈火，紧接着一声巨响，飞机被炸成碎片，飞机碎片像下雨似地从5000米高空纷纷落下。据有关各方事后调查，这次大事故的发生，完全是由于一种巨大的发自外部的能量把它击毁的。

1989年10月12日，有一架来历不明的喷气式客机降落在巴西阿雷格里港西面的一个机场。当机场工作人员打开机舱之后，全都不由得惊呆了：驾驶舱内，紧握着操纵杆的竟是一具人的骨骸！再看机舱内其他92人，也个个化成了白骨。

据该机的飞行记录仪记载，该机是圣地亚哥航空公司的513号航班。1954年9月4日从西德的亚深起飞后，飞临大西洋上空时，突然与地面失去了联系便无踪影了。令人意想不到的是，过了35年，这架飞机又神奇地飞抵了目的地。

突然起火的电器

2007年，意大利西西里岛的坎尼托·卡罗尼亚村用一份"外星人的杰作"的政府报告成了世人关注的中心。据了解，该村很多居民家中每天都会发生一些无法解释的怪事：他们的电冰箱、电视机、手机或家具总是会无缘无故地起火燃烧，哪怕那些没接上电源的电器也一样遭到燃烧。

意大利政府对这一系列怪火事件展开调查。结果是这些神秘的火灾是"外星人的杰作"。这一调查结果报告后，在意大利引起了轩然大波。

　　当然，这样的案例还有许多，我们不可能全部列举出来。通过对这些案例的分析，我们可以得出这样的结论：

　　外星人是有自卫武器的。外星人的武器能使我们人类的导弹和火箭失效，使飞机粉碎性解体，使无线电产生巨大干扰，使发动机不起作用，吸走动物或人，烧伤人类的身体并使人的精神暂

时性失常等。

这些都是外星人的武器吗？外星人的电磁波可以直接作用于地球人的飞机吗？这些只是推测，事实究竟如何，还有待于科学家们去深入研究。

延 伸 阅 读

1967年3月16日，美国空军军官罗伯特·撒拉斯上校在蒙大拿州马尔姆斯特罗姆空军基地值班时，突然天空中出现一个不明飞行物，它的出现导致核导弹系统关闭。一周后另一个核导弹基地也出现相同的情况。

外星人事件曝光

地下城镇的外星人

一些有名望的科学家和作家都普遍认为，在地球内部，有着一些不为人知的地下城镇，在这些城镇中，住着一些来自外星的生命体。根据相关了解，首先提出关于地下城镇说法的是美国一

名颇有声望的科学家兼记者作家的理查德·沙弗。

1946年，他通过调查，在美国《惊异事件杂志》上提出了这个说法。理查德·沙弗说，他曾经有过几个星期的亲身经历，与住在地下城镇中的外星人打交道，他们的长相像"魔鬼"一样，然而这些外星人有着不可思议的天才，在人类出现之前他们就已经定居在地球了。他们受过高等的教育，非常聪明，他们的生活习惯与人类没有一点相似。其实早在17世纪英国天文学家爱德蒙德·哈雷、著名作家朱尔斯·凡尔纳、埃德加·爱伦·坡和其他一些有名的作家在他们的作品中都曾提到关于地球是一个内部有着生命体的说法。

"外星人"出入的地面通道

1963年，两名美国煤矿工人在挖煤的时候，在地上发现了一条很长的隧道。他们循着隧道一直斜着向下走，最后在隧道的尽头发现了一扇巨大的门。推开门之后，他们发现了一个大理石楼梯。由于害怕，这两名煤矿工人没敢再向下走去。

几乎在同一时期，英国的几名煤矿工人在挖掘一条隧道时，听到地底下传来机械装置运动的声音。

一名矿工宣称，他们还发现一个通向地下井的楼梯，走到楼梯口时，机械装置运动的声音变得清晰。后来，这些以为遇鬼的工人吓得逃离了隧道，等他们喊来大量工人，准备探个究竟的时候，楼梯和通向地下井的入口都消失得无影无踪了。

在20世纪70年代末期，美国的一个人造卫星曾拍摄到一些有趣的图片，图片上显示的是，在北极地区地底深处，存在着一个黑暗的有规律的成形场所。美国人类学家詹姆斯·麦肯纳和他的同事考察了美国爱达荷州的一个以邪恶闻名的洞穴。在考察的过程中，他们从几百米深处听到了尖叫声和呻吟声。之后，这些考察者在洞穴中发现了一些人类的骨架，由于洞穴中传来了大量的硫磺味道，他们便停止了更进一步的探险。

打开〝底下之门〞

一些地质学家认为，地下世界所谓的居民并非人类，因为在地下洞穴中温度非常高，又缺乏氧气，人类是不可能在地下生活下去的。唯一可以解释的就是，住在地下的居民是来自地球以外的外星人。

这些存在于地球上的外星人可能对于人类无止尽的战争和无处不在的暴力感到厌倦，于是搬移到地下生存。

他们在地下可以一边发展自己的科技，一边观察地面上人类的发展情况，但是，也有一些科学家认为，这些居住在地球上的外星人可能是居住在地下第四度空间。随着地球磁场的不断变化，通向第四度空间的入口会在某个时间某个地点被打开。

地下文明说合理吗

美国的人造卫星"查理7号"到北极圈进行拍摄后，在底片上竟然发现北极地带开了一个孔。这是一道进入地球内部的入口

吗？另外，地球物理学者一般都认为，地球的重量有6兆吨的上百万倍，假如地球内部是实体的话，那么它的重量将不止于此，因而引发了"地球空洞说"。

一些石油勘探队员都在地下发现过大隧道

和体形巨大的地下人。我们可以设想，地球人分为地表人和地内人，地下王国的地底人必定掌握着高于地表人的科学技术，这样，他们——地表人的同星人，乘坐地表人尚不能制造的飞碟遨游空间，就成为顺理成章的事情了。

人类始祖说

有这么一种观点：人类的祖先就是外星人。大约在几万年以前，一批有着高智慧和科技知识的外星人来到地球，他们发现地球的环境十分适宜居住，但是，由于他们没有完善的设施设备来应付地球的地心吸引力，所以便改变初衷，决定创造一种新的人种——由外星人跟地球猿人结合而产生。他们以雌性猿人作为对象，设法使她们受孕，结果便产生了现在的人类。

杂居说

该观点认为，外星人存在于我们身边。研究者们用一种令人称奇的新式辐射照相机拍摄的一些照片中，发现有一些人的头周

围被一种淡绿色晕圈的所环绕，可能是由他们大脑发出的射线造成的。然而，当他们试图查询带晕圈的人的时候，却发现这些人完全消失了，甚至找不到他们曾经存在的迹象。外星人就隐藏在我们中间，而我们却不知道他们将要做什么，但没有证据表明外星人会伤害我们。

平行世界说

我们所看到的宇宙一般不可能形成在四维宇宙范围内，也就是说，我们周围的世界不只是在长、宽、高、时间这几维空间中形成的。宇宙可能是由上下毗邻的两个世界构成的，它们之间的联系虽然比较小，但却几乎是相互透明的，这两个物质世界通常是相互影响很小的"形影"状世界。

在这两个叠层式世界形成时，将它们"复合"为一体的相互作用力极大，各种物质高度混杂在一起，进而形成统一的世界。后来，宇宙不断地发生膨胀，这时，物质密度逐渐地下降，引力衰减，从而形成两个实际上互为独立的世界。

　　总而言之，完全可能在同一时空内存在一个与我们毗邻的隐形平行世界，确切地说，它可能同我们的世界相似，也可能同我们的世界截然不同，可能物理、化学定律相同，但现实条件却不同，也许这两个世界早在200亿年～150亿年前就"各霸一方"了。

　　他们很可能是在某种特殊条件下偶然闯入的，更有可能是早已掌握了在两个世界中旅行的知识，并经常来往于两个世界之间，他们的科技水平远远超出我们人类。因此，飞碟有可能就是从那另一个世界来的。

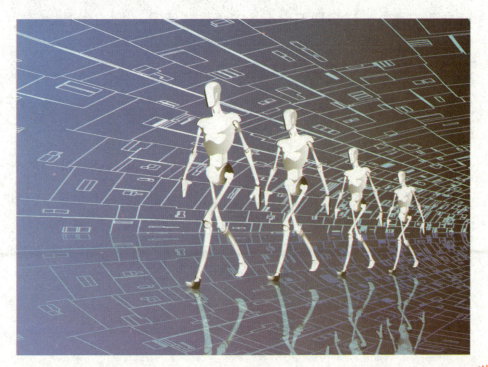

四维空间说

有些人认为，UFO就是来自于第四
维空间的。那种有如幽灵的飞行器在消
失的时候只是一瞬间的事，而且人
造卫星电子跟踪系统网络在开机的
时候根本就盯不住，可以认为，UFO
的驾驶员在玩弄时空手法。

一种技术上的手段，可以形成某些
局部的空间曲度，这种局部的弯曲空间在与之
接触的空间中扩展，等到完成这一步，另一空
间的人就可以到我们这个空间来。正如各种目击报告中所说的那
样，具体有形的生物突然之间便会从一个UFO近旁的地面上出现，
而非明显地从一道门里跑出来。对于这些情况，上面的说法不失
为一种解释。

延 伸 阅 读

研究表明，有关地球空洞的说法是不符合实际的。因
为地球是太阳系中密度最大的星体，如果内部真的有个巨
大的空洞，那么地球的质量决不可能达到这个数字。更何
况地球拥有很强的磁场，行星强磁场意味着其本身具有一
个巨大的铁质核心。

外星人事件揭秘

外星人的城市遗址

1988年，在巴西深山中发现了一个外星人居住过的地下城，这对研究外星人提供了很大的帮助。

由巴西著名考古学家乔治·狄詹路博士带领20名学生到达圣保罗市附近山区寻找印第安人遗留下来的古物，却找到了这个外星人曾居住的城市遗址，各种迹象表明，这个城市已存在8000年

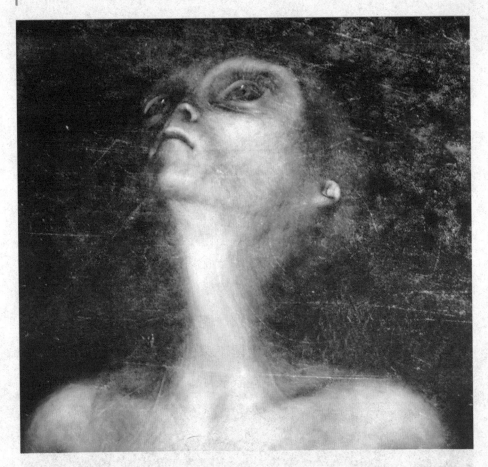

之久了。

当时这个考古队的一名学生，无意间跌落到一个约6米深、潮湿又黑暗的洞穴之中，狄詹路博士和其他学生立即去救他，这才发现洞穴内别有洞天，不但宽阔而且深不可测。他们在手电筒的照明下，找到一个巨大的密室，里面放满了珠宝首饰和陶瓷器皿。让人吃惊的是，他们还发现了一些只有一米多高的小人状骷髅。

狄詹路博士说："我最初还以为找到了一个古老印第安部落遗迹，直到我细看骷髅后才知道不是。"

他们头颅比较大，双眼距离比一般人近得多，双手各只有两根手指，双脚上也各只有3根脚趾。

狄詹路博士等人进一步来到了洞中，还发现了一批原子粒似的仪器和通信工具。根据对洞内物件年份来鉴定，这些仪器和通信工具至少超过6000年以上。

毫无疑问，这是一个曾在南美洲生活的极为先进的外星民族。他们发现那些骸骨与人类的骸骨有很多不同的地方，其智慧也远远超过人类。

从发现的通信工具来看，他们必是来自另一个银河系，为了某些原因才在地球上定居下来。这次发现外星人地下城古迹是前所未有的，如果能揭开这些事情，将会帮助我们更好地了解这个宇宙。

神秘的天狼星C

有这么一件令人感到十分惊讶的事情，在非洲的撒哈拉沙漠以南的贫困落后的马里共和国境内，有一个黑人部落——多贡部落，他们竟然知道天狼星里面有一个用肉眼看不见的伙伴，他们还可以准确地画出它的椭圆形轨道来。他们认为，还有一个天狼星C，显然我们的现代观测仪器还没有发现它。

天狼星是天空中最亮的星星，它距离地球约8.7光年。自1926年以来，人们在天文望远镜下观察发现，天狼星是一个三元系，它还有一个伴星天狼星B，天狼星B是由密度很大的物质构成的。

在多贡部落中，只有部落里的教士和熟悉天狼星祭礼和秘密

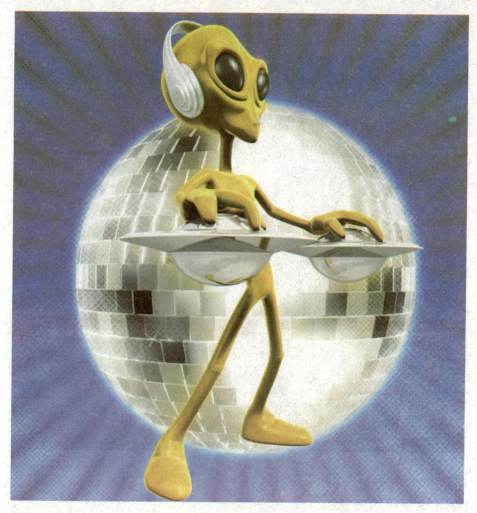

　　的人才知道这些。这个秘密是加拉曼特人告诉多贡人的，而我们则对加拉曼特人一无所知。

　　多贡人知道天狼星B绕天狼星A公转周期是50年，这与事实是相符的。

　　难道说，外星人是从天狼星上来的吗？

在葡萄牙的神秘飞行器

1917年，在葡萄牙的法蒂玛有7万人目睹了在他们眼前发生

的奇迹。10月13日，一大群人聚集在法蒂玛郊区的田野里，焦急地等待奇迹的发生：

因为有3个儿童声称有一个"乘坐光球"，从天而降的神秘人物曾答应他们在这天将会再次出现。

从当年6月13日起，他们已在法蒂玛城外的田野见到这个神秘人物好几次了。当第5次见面的时候，有几个成年人在场，他们证实了孩子们的话。

在成年人之中，有莱里亚的代理主教，他说这个神秘的物体在"一个发光的飞机和一个大球中"出现。根据在现场的人说，那是"一个发光的球"。

这件事迅速在各地传播开来，到了指定的日期，有7万人来到位于里斯本北面的这座小城镇，观看奇迹的出现。

这天正午时分的时候，突降大雨，站在雨中的人们惊讶地看见一道道灿烂的光在大雨中闪闪发光。

有些人认为是太阳，但云层太厚，并且无缝隙。

当时在场的一位科学家、科英布拉大学的阿尔梅达·加勒特教授叙述说："一个轮廓清晰的珍珠色圆盘"，透过云层直接放射出光芒，它开始旋转起来，由慢而快，由白色变成血红色。红彤彤的

圆盘愈来愈接近人群的头顶，似乎要把他们全部都压碎似的。

此时，7万目击者都惊惶失色，不禁大叫起来。然而，这神秘之物倏地又不见了。这事始终无人弄清楚。

数千名地球人被劫持

几十年后，从南美的原始森林中又传来惊人的消息：这里有

7600多名几十年来被外星人劫持的地球人！

1988年7月初，一位巴西科学家公布了这样的一则消息。

消息主要是说，该科学家6月份在亚马孙河的时候，意外地在原始森林中发现了这些人。他们过着群居的生活，年龄最大的80多岁，最小的才几岁，他们当中有60多年前被外星人劫持的，有的是最近几年才被劫持的。

他们都曾被带往其他星球，或被用作活体研究，或被当作怪物展览，或作苦役，受尽了各种折磨。

这些人大部分神智清醒，一旦问及外星人的特征及劫持过程时，他们都缄默不语，看来他们可能是受到了外星人的威胁。

这些人现已被转移到一个秘密的地方，以便进一步调查。

据说，美国中央情报局和苏联有关当局对此事十分关注，苏联还专门为此发了一个内部文件。

延 伸 阅 读

为了和外星人取得联系，科学家们制造了庞大复杂的设备，试图向外星发射信息和接收来自外星的信息。但是，经过了许多努力，人们依然没有找到外星人。一些见到外星人的说法也仅仅是传说，目前尚难以得到有力的证实。

外星人生命体

外星人生命体类型

每个国家的不明飞行物专家都得到了一些可信的关于外星人的目击报告。从这些目击报告中可知，人们所见到的外星人大体可分为以下4类：矮人型类人生命体、蒙古人型类人生命体、巨爪型类人生命体、飞翼型类人生命体。

矮人型类人生命体

矮人型类人生命体也被我们称为宇宙中的侏儒。他们最低为0.9米，最高达1.35米。跟自己矮小的身躯相比，他们的脑袋被衬托得很大，前额又高又凸出，貌似没有耳朵，也可以说他们的耳朵太小以至于目击者看不清楚。他们两眼无光，睁着圆圆

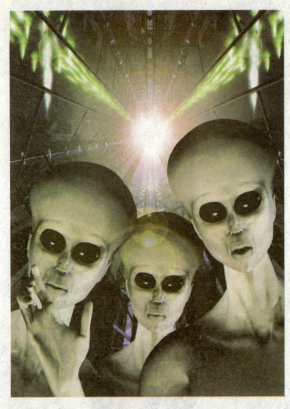

的眼，表明其双眼几乎感受不到光线。他们的鼻子特别像地球人的鼻子，可据有些目击者说，他们看到的矮人的鼻子是在面孔的中心部位的两道缝。矮人型类人生命体的嘴像一个有唇的口子一样，也可以说是一个很圆、有奇怪皱纹的孔。他们的下巴尖且小。他们的两只手臂很长，脖颈肥硕，从正面看来，好像没什么不同的。可是，他们的双肩却又宽又壮。

据目击者说，这些矮人型类人生命体都穿着金属制上衣连裤服又或是潜水服。有人曾见到少数这样的矮人，那个时候，目击者还认为他们是外形难看的类人猿。这些矮人身体的两侧看起来并不对称，他们身躯的左部似乎比右部要肥大些。

蒙古人型类生命体

这类类人生命体的身高从1.20米至1.80米不等。从整体上看，他们的各个部位相互协调，没有任何丑陋的地方。他们的形态在各个部位都和地球人相似。如果拿他们跟地球上的某个民族相比较，他们很像是亚洲人，但他们的皮肤是黝黑的。

1954年10月10日，马里尤斯·德威尔德先生看到一个不明飞行物在他家附近停留，然后，从里面走出了一个类人生命体。德威尔德先生说："我见到这个类人生命体戴着透明的、绵软的头盔。虽然当时天色有些黑，但我还是很清楚地看到了他的脸、耳朵和头发。我觉得这个'人'很像亚洲人，面目也像蒙古人，他的下巴很宽、高颧骨、眉毛很浓、双眼是栗色，像极了那种有蒙古褶的眼睛，而且他皮肤很黑。"至于服装，他们身穿贴身的上衣连裤服，和宇航员的宇宙服差不多。

从专家们搜集的与类人生命体相关的报告来看，人类遇到最多的是这一类人。

巨爪型类人生命体

这类类人生命体自从20世纪50年代的世界性首次不明飞行物

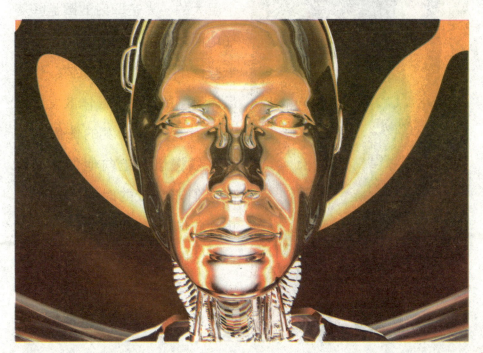

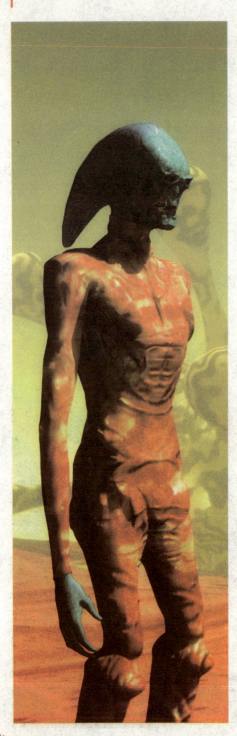

风潮之后，就没人再看到。专家们说，人们大多在南美洲的委内瑞拉看到过这类类人生命体。

据目击者说，这些类人生命体都赤裸着身体，没穿任何衣服。他们的身高在0.60米至2.10米之间。尤其是：他们的手臂很长，和其身躯极不相称，他们的手是巨型的爪子。

1958年11月28日凌晨两点，两名加拉加斯市（委内瑞拉）的长途卡车驾驶员发现了一个巨大的、光芒四射的圆盘降落在地面上，然后从圆盘中走出了一些巨爪型的类人生命体。他们最先见到的是一个通体散发出光芒、有着一头长发的侏儒，这个侏儒慢慢地走向他们。当距离他们非常近的时候，一个司机扑向侏儒，想把侏儒逮住。

侏儒力大无穷，不费吹灰之力就把司机推倒了地上，然后就向圆盘跑去。此时，其他类人生命体从圆盘走出去搭救自己的伙伴。然后，他们一起消失在了圆盘中。由于目击者在近距离内看到了类人生命体，因此他对调查此次事件的专家们说，这个侏儒有类似爪子般的手指，他的手是有蹼的。

1954年12月10日、16日，在阿根廷的奇科和圣卡洛斯也分别发生了类似的事件。

和矮人型与蒙古人型类人生命体进行比较可知，这类巨爪型类人生命体的特点是：他们有侵略性，也就表示他们也许对地球上的人类是有敌意的。但是，自1954年以来，人们就再也没有看到过这种巨爪型的类人生命体。

飞翼型类人生命体

1877年5月15日，在英国汉普郡的奥尔德肖特，两位正在站岗的哨兵看到在军营前方出现了一个身穿紧身上衣连裤服、头戴发出磷光头盔的人，倏地腾空起飞。

两个哨兵惊恐万分，举枪射击那个空中飞行体，可是没有击中。那两个哨兵放下了枪，晕倒在地上。

1922年2月22日下午3点，在美国内布拉斯加州的哈贝尔，一位叫做威廉·C·拉姆的人在森林里打猎，突然，在听到一阵刺耳的叫声之后，

他看到一个球形物体停落在离他20米远的地方。过了几秒钟以后，他看到一个身高约2.4米的人飞向了那个球形物。

1967年10月1日大约22点，在美国俄克拉何马州邓肯市，许多车辆驶向7号国家公路的东面。这时，司机们看到在公路旁有3个奇怪的"人"。这些"人"穿着发磷光的蓝绿色上衣连裤服。他们的长相非常像地球人，可是双耳却又大又长。当司机们走向他们时，他们突然升起，在夜空中消失了。

延 伸 阅 读

目击者们还见过其他类型的类人生命体。有人曾看到过一些与人类外形差别很大的智能生物，也曾看到过一种新型的类人生命体，后一种有的矮人只有0.8米高，有的是巨人，约3米高，这些类人生命体都没有眼睛、嘴和耳朵。

外星人丢失的婴孩

绿孩子的传说

1887年8月的一天，对西班牙班贺斯附近的居民来说，是终生难忘的一天。这天，人们突然看见从山洞里走出两个绿孩子。

人们简直不敢相信自己的眼睛，就十分小心翼翼地走到他们跟前仔细地观看。真的没错，这两个孩子的皮肤确实是绿色的，身上穿的衣服面料也从来没有见过。

他们不会说西班牙语，而只是惊恐的不知所措地站着。好奇心和同情心驱使当地的人们很快给这两个孩子送来了食物，可惜的是，其中一位绿男孩因为不肯吃东西而很快地死去了。

而另一位绿女孩还比较乖巧，她居然学会了一些西班牙语，并能和人们交谈。

根据绿女孩说，他们是来自一个没有太阳的地方，有一天，狂风呼啸，被旋风卷起，后来就被抛落在那个山洞里。这个绿女孩后来又活了5年，于1892年死去。至于她到底从哪里来，为什么皮肤是绿色，人们始终无法找到正确的答案。

但是这两个奇怪的绿孩子的事件并不是在地球上独一无二的。早在十一世纪，据说从英国的乌尔毕特的一个山洞里也曾走出来两个绿孩子，他们的长相、皮肤和西班牙的这两个绿孩子极其相似。

令人惊奇的是英国的那个绿女孩也说，她来自一个没有太阳的地方。这两次奇异的事件，一直使人们难以理解。众所周知地球上的人只有黄、白、黑三种肤色，而有些自称见过外星人的人在说到外星人时，总是把他们描绘成：身材矮小，全身绿色的类人生物，也被称为"小绿人"。

　　这不禁让人们联想到，在西班牙发现的绿孩子是否与被称为"小绿人"的外星人有着直接的关系。

　　绿孩子自称的"没有太阳的地方"，到底是一个什么地方呢？也没有人能够解释。

　　科学家们指出，在浩翰的宇宙中，类人生物肯定不是只有我们人类，有一亿颗星球完全有可能有生命存在，仅仅在银河系，依然还有1.8万颗行星适合类人生物居住，这里面至少有10颗行星的文明能得到发展并很可能超过我们地球。

　　所以，即使真的有绿孩子来我们的地球，我们也欢迎他们。

被遗弃的外星人婴儿

就在此事出现不久，1988年7月14日，瑞士人类学家波·史皮拉在巴西原始森林中发现了一个被遗弃的外星人的婴儿！这个婴儿年龄大约在14个月至16个月之间，他与人类长相有点相似，不过双眼无色，耳呈尖形，鼻子像管子。后来这个婴儿被带到阿诺里市以南的一个军事机构接受研究。

延 伸 阅 读

1974年11月16日，美国射电天文学家德雷克用阿雷西博直径305米的射电望远镜向24000光年以外的球状星团M13发送信号。信息的长度为3分钟，由1679个字节组成，其中包括地球在太阳系中的位置、人类的外形和DNA资料、5种化学元素的原子构成形式等。

外星人频访美国

外星人演员

由于美国掌握着世界上先进的宇航技术，拥有先进的核武器和现代化军事设施，因此，飞碟光临美国和外星人公开跟美国人接触的事例，总是多于世界上其他国家。

1982年，好莱坞著名导演史蒂芬·宁格为拍摄一部太空争战的影片，公开招聘特技演员，结果一位外星人应试受聘。

这位应聘者在摄影棚按下自带的"微型传真机"键盘，刹那间出现了奇特景色：在漆黑的布景上，一艘从未见过的巨型外星飞船迎面飞来，越来越近。

船内外星人的面孔是绿色的，口腔很大，牙特别多，面部皱褶不停地蠕动，体内流动的液体隐隐可见，双眼毫无表情，鼓鼓突出，和人们想象

中的外星人十分相似。

导演非常高兴，觉得逼真极了，立即与其签订了合同。

另一位导演让这位受聘者拍摄一部古罗马宗教影片，结果也很满意。

他的神奇能力使美国中央情报局加强了警惕，在拍摄火山爆发的影片时将其拘捕入狱。

与此同时，好莱坞所有制片区忽然地震般晃动起来，人们非常害怕。当导演闻讯赶到拘留所时，这个奇特的人却在严密看守的拘留所神秘失踪。

参观外星飞船

1965年1月30日凌晨2时左右，美国加州电器技师派屈克看到一个直径20米、宽约10米的飞行物朝他飞来，并停在地面上。

他想跑但听到外星人用英语说："我们并无恶意。"然后邀他上飞船。

上飞船后，一个男人接见了他，他看见还有七男一女，女的长得非常标致，身高1.8米左右，留长发，充满活力；男子褐色短发。飞船内每个房间的墙上都布满仪表板，船员们多在认真操作。

外星人通过影像系统让他看"导航母船"，看上去它像个小飞船，当时是凌晨2时至3时，而小飞船却在阳光之中，他确信高度在1000千米以上。

飞船能量就是由那小飞船传来的，同时由母船处理所有导航及在太空飞行中的一切事情。

外星人还说，只用光来作为所有的依据，也就是用能量来代

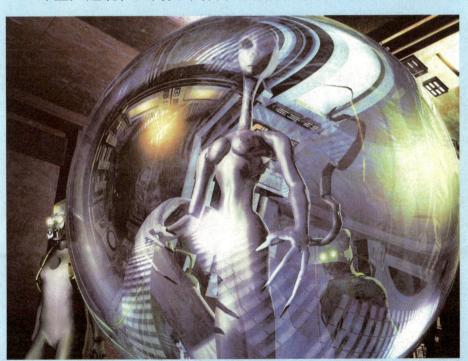

表一切。派屈克问飞船来自何方，对方回答说来自一个星球，并拿出一张该飞船家乡的照片。

建筑物全笼罩在一半球体内，房上有窗，却看不到里面，彼此离得很近。

外星人还说，他们没有疾病，没有人犯罪，也没有学校，他们的生命很长，所以生育控制很严格。

问到他们为何来地球时，回答说"仅仅是观察"。

派屈克这次参观外星飞船足足有两个多小时，下船后，一向诚实的派屈克向人们讲述自己奇特的经历时，人们都感到很吃惊。

更令人吃惊的是，派屈克在20世纪60年代竟然神秘失踪了，有人称他可能坐着外星飞船去了其他星球。

五角大楼的外星人

外星人访问美国的传闻层出不穷，最令人惊奇的事情发生在美国国防部所在的五角大楼。

据外空文明研究专家的资料显示，那里曾经住着一

个神秘的外星人。

这个乔装美国军陆军上校的外星人在五角大楼待了几个月，他对美国的星球大战技术的发展特别感兴趣。后来，因丢掉一个隐形眼镜而被发现。

这个外星人外形和正常的地球人十分相似，但是他的瞳孔像猫一样不是圆的而是斜的，所以用隐形眼镜来伪装。这个外星人没有头发，头上戴着的是一顶假发。

经过美国军方医疗检查显示，这个外星人有两个心脏，分别长在胸腔的两边，他的血像胶水一样黏稠，肠子由几块奇特的金属替代，骨头也要比正常人的骨头要细得多。

在他住的房间，美国国防部官员发现了许多美国卫星探测系统和激光武器有关资料的文件副本，以及美国空军部分导弹系统的布置图。另外，在他的房间里还发现了高精度太空无线电装置，这使人们非常惊讶。

有人认为，外星人频频光临美国，一定是担心美国的先进宇

航技术与星球太空防御系统，认为这些对他们的宇宙飞船构成严重威胁。

美国积极探寻外星人踪迹

1960年，美国射电天文学家达莱克首先开始地球外部文明探测工作。他在美国国家射电天文台利用直径为26米的射电望远镜探测离我们最近的两个太阳系星球，探测波长为0.21米。

随后，一些国家曾采用天文望远镜探寻外星人的踪迹，但收效甚微。

目前，美国宇航员正在贯彻一项探索外星智慧生命的大规模计划。科学家用带有巨型天线的射电望远镜接收大量无线电信号，然后通过电脑控制的新型信息处理装置，同时在13.1万个频道上进行迅速的分析和处理，将传递信息的信号与杂音立即区分开来，使观测效率大大提高。

1988年6月，一座精度更高的射电望远镜在波士顿投入工作，它的天线直径28米，可以同时在20多万个频道进行观测。

据有关人士估计，借助先进的空间科学技术，不久的未来将有望接收到外星人的信号。

美国科学家还打算派遣由宇航员或机器人驾驶的高速宇宙飞船拜访外星人。

事实上，1983年6月飞离太阳系的"先驱者10号"无人驾驶宇宙飞船，就已作为人类派出的第一位友好使者，携带地球和太阳系的方位图以及特制的裸体男女图像，向茫茫宇宙进军。

新型航天器的研发

为了加快未来星际飞行的速度，美国科学家们正在研究新的动力装置。利用热核反应可使飞船速度达到光速的10%至20%，即到达最近的恒星只需20年左右。

被人誉为第二代航天器的光帆又叫太阳帆，是在飞船上挂起

一张厚度只有大约1/100万米超薄铝箔制成的巨帆，借助太阳和其他恒星的光压飞行，而无需消耗任何燃料。

光帆通过加速度，可以在较短时间内达到可观的速度，如与激光器配合作用，还可双倍加快飞行速度。据分析，若在绕太阳的轨道上安置一台大型激光器，就能使光帆的速度接近光速，这将大大缩短星际航行的时间。有了成本低廉而高速的光帆，银河系就不再像原来那样高不可攀了。我们可以相信，人类与外星人建立起联系，为期不会太远了。

延 伸 阅 读

1984年5月14日，苏联太空实验室"礼炮6号"上的两名宇航员克华利雅诺与沙文尼克，在太空中看见了3个外星人。当彼此靠近时，他们拿出自己的导航图展示给外星人看，外星人也展示了自己的导航图。

外星人频访法国

倒扣着的盘子

1954年9月7日，早晨7时，住在法国索恩省的两个青年，惊慌失措地闯进当地宪兵分部，报告了刚刚目睹的一切：

这天早上，他俩正骑着自行车赶路，当行至孔台村附近时，埃米尔·雷纳尔望见距他们200米远的地方停着一个奇特的物体，其形状好像一团尚未堆完的草垛，上边还有一个转动着的圆盘。再仔细一看，它还在移动着。

他不由地惊叫起来，拉着伙伴朝怪物跑去。当他们越过甜菜地和草坪距离150米时，只见该物体突然斜飞起15米左右，然后垂直升高，消失在天空中。

起飞时未发出任何响

声，只是隐约觉得它释放出一缕轻微的青烟。

飞在天空中的怪物呈浅灰色，直径有10米左右，酷似一个倒扣着的盘子。

在以后的几天里，宪兵们接到方圆30多千米的居民们的同样报告。

宪兵们当时还以为是敌国发射来的什么新式武器，因此调查得十分认真。

在宪兵队的档案柜里，这是最早的一宗关于飞碟的案卷。

铁路上的黑影怪人

9月11日，一位名叫马利奥斯的冶金工人，前来向瓦朗西安的宪兵队报告：

前天夜里他偶尔走出家门散步时，先看到不远处的铁路上出现了一团黑影，紧接着又发现两个身高不到1米的怪形人在院子里游荡。

刚开始，他以为这是两个化装成潜水员的小孩出来偷东西，于是他就从他们后边摸过去，想捉住他们。

　　正当他接近小孩的一刹那间，铁路上的黑影突然向他射来一束刺眼的强光，并把他固定在原地。

　　他只觉得浑身针刺般地疼痛，连话也说不出来。这时，院子里的小孩大摇大摆地从他面前走过，径直向黑影走去。

　　当他们走进黑影后，光束才熄灭，那团黑影也轻轻飞离地面30米高，然后向西飞去，消失在夜空里。过了好长时

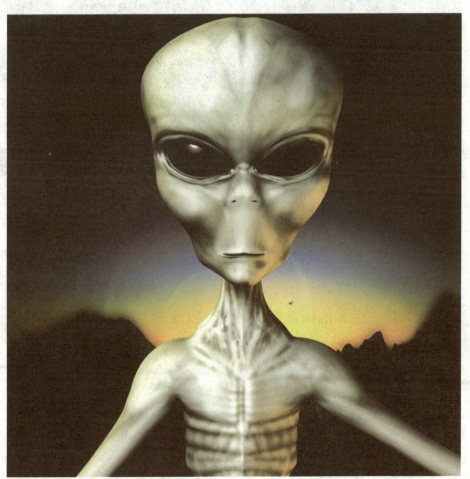

间，马利奥斯才恢复了活动能力。

　　宪兵们奔赴现场调查发现，铁路枕木上有飞行物降落时留下的痕迹，还有5处形状完全相同的陷坑，每个坑的面积0.04平方米，而且相互对称。

　　宪兵们在后来的调查中，又发现当地许多居民在马利奥斯所说的时间里也看到一个飞行物从天空飞过，光线颜色由红变淡，最后呈现白色。

频频出现的外星人

　　一个星期之后，住在摩泽尔省的一位名叫勒内·保尔的电工向当地宪兵队报告说，那天晚上21时15分，他看见有一个形似霓

虹灯管的发光物体从空中飞过。

与此同时，住在61千米以外的一位名叫路易·莫尔的人报告说，他看到一个奇异的发光物从山岭的背面飞来，降落在山岭的东侧，它的体积和形状很像一辆中型轿车。

这个发光物着陆后光线开始变弱，这时，他看见该物体中有一些人影在活动，一会儿发光物又呈火球状腾空而起，向东南方飞去。

同是在1954年的秋天，法国南部德龙省有一位妇女傍晚在树林边散步时也发现了一个怪形人。

此人个子矮小，穿一身潜水衣，但是好像没有胳膊。

这名妇女感觉非常害怕，于是赶紧往家跑。当她拼命地逃回家时，看到一个陀螺形的物体从附近的玉米地里低飞而去，不一会儿又垂直高飞，而且速度很快。

宪兵队得到报告赶赴现场后，一眼就看到了留下的那些清晰的印记：在直径为3.5米的一块地上，飞行物起飞时把周围的玉米株全都吹倒，灌木、荆棘也被弄得乱七八糟。

汝拉山区出现的幽灵

引起宪兵队关注的是1954年9月末发生在法国东南部汝拉山区的一件事。

那是9月27日的夜晚，天空下着大雨，住在高山地带一个名叫罗兰的农民，他的4个孩子正在堆放柴草的棚子里玩耍。

突然一阵狗叫，接着9岁的女孩尼娜从室外跑进来告诉其他孩子说，她刚才看到一个幽灵般的家伙在谷仓那里走来走去，行走时不发出任何声音。于是12岁的莱蒙立即跑进谷仓去看，但什么也没有发现。

接着他打开谷仓的门朝外边张望，这下真的看见幽灵了！那家伙个头同莱蒙差不多，莱蒙顺手捡起几块石头扔过去，其中一块击中了，并发出了金属的响声。

当他又拿起弹弓向怪物射去时，感到一股无形的压力把他压倒在地。直至幽灵离开后，他才又重新站起身来，接着赶紧跑回谷仓。出来帮他开门的尼娜把这一切看得一清二楚，4个惊恐万状的小孩拼命往家里跑去。忽然，4岁的柯洛德尖叫一声："你们看呀！"

大家顺着他指的方向望去，只见150米外有一团火球在飘飞，转眼工夫就不见了。第二天，孩子们把事情经过告诉了老师，老师又报告了宪兵队。

　　宪兵上尉布鲁斯特尔分别询问了这4个孩子，便带人到现场去调查，在孩子们发现火球的地方，他们看到了十分清晰的痕迹。

　　像这类留下清晰印记的发现，还有数例。外星人多次来到法国，并留下许多明显的痕迹，不知他们有什么目的。

延　伸　阅　读

　　汝拉山区位于欧洲中部，汝拉，绵延的石灰山脉连接在日内瓦湖和莱茵河之间。汝拉山区的平均海拔为700米，地形主要为高原河谷。

埃及学生乘坐外星飞船

晨跑时遇见外星飞船

开罗大学1990年7月16日举行了一次奇特的新闻发布会，报告了一名自称遇见了外星人和飞船的埃及青年的检查结果，这是埃及首例不明飞行物的报告。小伙子当众回答了几十个问题，令各位记者和学者们大感兴趣。

这名27岁的农村青年名叫克利姆，是开罗一所电力学院的毕业生。1989年10月的一天，他跟往常一样在为了即将到来的马拉松比赛而训练着，他的目标是跑步穿越艾斯尤特沙漠的神庙山，到达对面的一个小镇。

这天清晨，他跑到了中途的时候，忽然听到一阵尖叫声，并且越来越尖锐。克利姆有些害怕，因为他从来没有听过这么诡异的尖

叫声，但克利姆并没有停下来。然而，当他跑到一个沙丘顶时，眼前的情景令他目瞪口呆。

一个金光闪闪的东西正在旋转着向他靠近下降，当这个如球状飞船的东西靠近他时，一道强光照射在他身上，他感到身体变得轻飘飘的，不知不觉地被带入了飞船。进入飞船后，密布的线路管道，五彩信号灯和按钮、电视屏幕出现在他眼前。

过了一会，飞船上出现了3个外星人，他们长腿短臂，头小颈长，脸色暗绿而起皱，头上长着3只眼睛。其中两个人离他有4米远，另一个则慢慢向他靠近，手中还拿着一台录音机似的仪器放在他右手上，他的手骨立刻显示在四周的屏幕上。

来自外星人的检查

外星人把一个玻璃管放入他口中，他一紧张把玻璃管咬碎了，外星人面面相觑，一言不发。后来，他又被带入了一间闪烁着光线的明亮房间，这3个外星人利用各种仪器对他进行了全面检查。

然后，其中一个外星人让他沿着一道强光向前走，克利姆刚刚踏上这道强光，身子又变得轻飘飘的了，而且周围的一切也开始模糊起来。忽然强光消失，他已躺在沙地上，那圆形飞球早已无影无踪了。

后来，克利姆只要一靠近电视，电视画面上的图像就受到干扰并立即消失；而当他离开些，电视上画面便又清晰可见了。更令人惊讶的是，克利姆喝茶之后，若无其事地咬碎玻璃杯并咽下，他还能毫不费力地吃木头、金属和硬币。

美国大学理工系主任赛弗成立调查组检查克利姆，拍了录像。他们在实地测量时发现，飞碟未留下压痕，但该处的射线剂量明显高于周围。经过对克利姆检查发现，他的身体、智力均属正常，因此有一些学者相信，此飞碟之事确实是真的。

但也有一些心理学家认为，他确实有吃硬物的奇异功能，也知道一些外星人和飞碟知识，他的脑电图有些异常，他小时候得过癫痫病，心理学家们认为该奇遇是他把想象当成事实而臆造出来的。

科学家们还要为克利姆做更深入的检查，而外星人为什么总

是出现在人迹罕见的森林中？难道他们长期居住在那里？他们是出于何种目的留在那些地方的？

从外星人到达地球的一些案例来看；外星人来到地球上，主要是为了做各种实验，那么他们究竟进行哪些实验呢？

现场进行实验

所谓现场实验，就是当场对地球人进行常见的医疗检查，或是抽取血样。

1968年8月31日，在阿根廷门多萨村外的一片树林里，出来野餐的萨蒙斯一家开的汽车出了故障，抛锚在树林中。萨蒙斯从

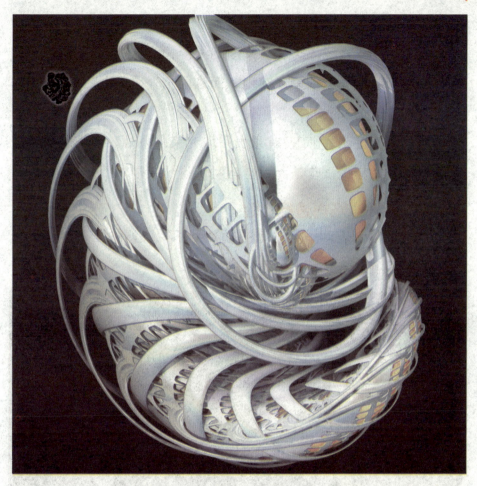

车内下来修理这辆汽车。

　　忽然一个银色的飞碟状不明飞行物从天而降，从中飞出两个类人生命体。这两个类人生命体只有1.2米高，身穿一套银灰色的紧身衣，瘦弱的身躯上顶着一个硕大的脑袋。

　　他们的手臂很长，每个手掌上只有3根手指，脚上有着蹼一样的东西长在3个脚趾之间。

　　他们从飞碟上下来后，手里拿着铅笔一样的东西径直走到萨蒙斯身前。这个铅笔一样的东西锋利地划开了萨蒙斯的手背，取走了一管血样。

随后，这些外星人又从萨蒙斯的妻子和3个孩子身上取走了血样，之后萨蒙斯一家便昏迷在地。而这两个外星人则带着5个人的血样飞入UFO扬长而去。

上述案例证明，UFO及其乘员采取光束的办法，当场采取目击者的血样或做其他试验，而目击者对试验结果根本不知道。

在不明飞行场内进行实验

有不少案例表明，目击者被劫持到不明飞行物里，躺在桌子一样的东西上，接受类人生命体的检查。

　　1981年2月8日夜,在美国富兰克林,6个孩子的母亲巴巴拉夫人被屋子上方的发光物体射来的光惊醒,一个雪茄状的不明飞行物在她家院子里盘旋。

　　过了一会,这个飞行物停落在了巴巴拉家的院子里,她非常恐惧,急忙呼喊在屋里睡觉的丈夫。突然这个不明飞行物光线大亮,巴巴拉顿时失去知觉。

　　后来,在催眠师的催眠术作用下,巴巴拉回忆起当时的情况:她被这道强光吸进了飞行物内部。飞行物内部呈圆柱状,墙壁光滑闪亮,顶部有一道强光,在地板上留下一圈亮光。

　　从光滑的墙壁上裂开了一条缝,一个戴着面具的类人生命向她走来,用一只方形盒子在她身前身后移动,好像是在观察她体

内的构造。

6个月后，巴巴拉夫人坐汽车回家时在途中又遇到一个不明飞行物，她再次被一道强光吸走，进入UFO内部，样子跟第一次见到的一模一样。

巨眼窥视人体

1950年夏末，美国人菲利浦跟父母亲和弟弟一起到田纳西山的树林去野炊，在返回的路上，菲利浦发现弟弟把大衣落在林子里，于是菲利浦只身返回去拿大衣，就在这个时候，遇险开始了。菲利浦离开大家深入林子，取回了大衣开始往回走。

忽然，他觉得有什么东西在控制着他往回走，身子变得轻飘飘，意识也开始模糊。后来，菲利浦一家在林子里找到了昏倒的菲利浦。菲利浦看到自己左腿上有一个很大的伤口，伤口一直延伸至小腹。

他没有摔倒，也没有被树枝划着，哪里来的伤口呢？这伤口很深，但一点也不痛，没有流血，也不化脓。

菲利浦虽然很疑惑，但并没有在意，渐渐地忘了这件事。

十多年后，菲利浦和一位UFO爱好者谈起这件事，UFO爱好者认为他遇见了外星人。这位UFO爱好者联系了一名致力于催眠术的医生，医生给他施用催眠术后，他想起了许多往事。

1950年那次野炊时，他离开大家遇上一个庞大的UFO，穹舱是透明的，那穹舱分3部分，里面的光线非常耀眼。

菲利浦感到这道强光把自己吸了进去，被几个类人生命体用担架似的东西抬进了UFO。

在UFO内的一个房间里，他看到有个机器人手在他身上轻易地就挖了一道口子，并从里边取走了一些肉，接着他被放在一只巨眼前接受照射，菲利浦顿时就失去了知觉。到目前为止，UFO乘员对人类的一些试验究竟是为了什么，这其中的目的还有待于人们进一步探索。

延 伸 阅 读

有关学者对古埃及著名法老王埃赫那吞的遗骨进行了研究，发现他身体有很多令人难以理解的突变，而这些突变与地球人有不同之处。有人怀疑，这位3300多年前的古埃及统治者是一个外星人。

玛雅人是外星人吗

玛雅人有可能是金星人

玛雅人对行星运动进行了很深入的研究，尤其是对金星，在玛雅人居住过的地方，可以看到许多有关金星的铭文，并在墨西哥有3座与金星有关的建筑。

这样的建筑在其他地方还有很多，这表明玛雅人对金星非常偏爱。

玛雅人在公元前后创造了象形文字，其中金星的象形文字是较早被搞清楚的，而且，玛雅人还知道8年中约有5次的金星会合的周期。

玛雅人为什么对金星有如此高的兴趣呢？最简单的回答是，金星是除太阳和月亮之外最亮的星。

由于玛雅人从地球上神秘地消失了，因而科学家对于他

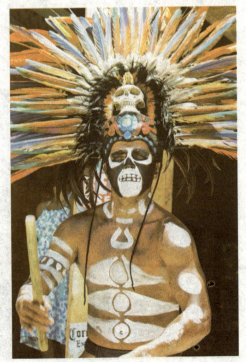

们的起源持有不同的观点。

有人认为玛雅人可能是金星人，这种观点可以从历法上找到部分根据。

玛雅人的传统历法是一年8个月，每月20天。人们推测，玛雅人到达地球以前就在使用20进制，但不知他们为什么使用这样的数制。

有人发现，在法语中存在一个例子，即80是4个20，这可能是20进制的痕迹。他们到达地球后，为什么要继续采用一年有8个月、每月20天的历法呢？一般的解释是，金星公转一周为234.7天，地球公转为365.26天。

玛雅人为什么对金星了解如此全面，难道他们真的是来自金星的外星人吗？

美国与苏联对金星的探测表明，金星温度很高，人类不能在金星上居住，因而，他们迁徙到了地球。

玛雅文明中难以解释的现象

许多研究人员用玛雅文明中种种不能解释的现象,来证明玛雅人是外星球人,比如:德累斯顿抄本中有4次地球灭亡的记录,为什么玛雅人会知道?难道他们真的有那么神奇?

他们绝对不是神,因为他们在自己的星球中观察到,并且他们星球中历史上记录过地球发生的一些重大事件。

另外,他们掌握着地球人的发展历史以及未来的状况,他们的建筑物雕刻着宇航员驾驶舱等。

有专家认为,这是因为他们觉得在自己的星球上早就经历过的事情,在地球上也会朝着这方面发展。

从玛雅人的建筑物台阶来看,玛雅人的身高均在2米以上,从这点可以看出他们和当今的玛雅人不是一个种族,现在的玛雅人就连自己古代的玛雅文化都搞不清楚。当时的玛雅人全部消失后,只留下来一些建筑物,后人都无法理解这些建筑物的含义。

玛雅建筑物和观察天体的位置相吻合，并且已经精确到一年四季的各个方位，说明玛雅人是来地球上观察星体的，并且在地球上生活过一段时间。

以当时的地球人能建造出那么精准的建筑物并观察天体那是绝对不可能的，就连现在的科学家还难以置信当时有那么精准的历法，从这点似乎可以证明当时的玛雅人不是地球人。

德累斯顿抄本中记录有地球的气候和地壳变化，这是当时玛雅人来地球生活中每天所观察到并记录下来的，然后把地球调查的清清楚楚，并结合自己的星球所观察到地球的状况，预言2012年12月21日将再次发生的重大事件，最后玛雅人全部消失，全部返航自己的星球。

延 伸 阅 读

玛雅人是中美洲地区和墨西哥印第安人的一支，又译马亚人，玛雅人。公元前约2500年就已定居今墨西哥南部、危地马拉、伯利兹以及萨尔瓦多和洪都拉斯的部分地区。在古代世界文明史上，玛雅文明似乎是从天而降，在最为辉煌繁盛之时，又戛然而止。他们异常璀璨的文化也突然中断，给世界留下了很大的谜团。

金字塔是外星人所建吗

埃及金字塔

埃及金字塔居世界七大奇迹之首，建筑雄伟壮观。当时，地球人不可能有那么先进的技术可以建造如此神奇的建筑，那么金字塔究竟是谁建造的呢？我们还是从古埃及神秘的建筑说起。直至现在，人们已发现了80座金字塔，这些大大小小的雄伟建筑，

分布在尼罗河两岸，其中最为壮观的一座叫吉扎金字塔，是人类有史以来最大的单体人工建筑物。

它建于公元前2600年左右，高约146米，塔基每边长232米，绕一周约1000米，塔身用230万块巨石砌成，平均每块重25吨，石块之间不用任何胶粘物，而由石块与石块相互叠积而成，人们很难用一把锋利的刀片插入两块石头之间。经历了近5000年的风风雨雨，它仍然屹然挺立，让人叹为观止。自20世纪20年代以来，一批又一批的工作者来到埃及，他们以惊异的目光凝视着这座不朽的建筑。

金字塔是如何建造的

建造这座金字塔需要多少劳动力？据推测，建造金字塔需要5000万人，否则难以维持工程所需的食品和劳力。然而专家仔细研究时发现，公元前3000年全世界的人口只有2000万左右。

进一步研究的情况还表明，众多的劳动力必须在农田上耕耘以保证雕琢工地上足够的粮食，而地势狭长的尼罗河流域所能提供的耕地，似乎不足以维持施工队伍的需求。这支施工队伍少则几十万人，多则可达百万人之多，他们之中不仅有工程人员、工人、石匠，还要有一支监护工程施工的部队、大批僧侣，以及法老们的家族。仅凭尼罗河流域的农业收成，能保证工程需求吗？因此，人们怀疑，可能有一批不以地球上粮食为生的人在这里施工。

　　令人不可思议之处还在于，古埃及人用什么工具来运输神殿所需的巨大石块呢？传统的看法认为，古埃及人利用滚木运输，

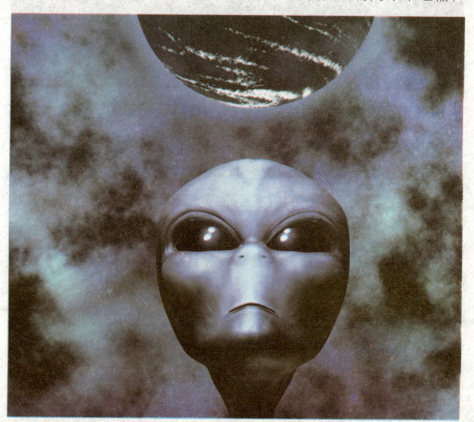

这种最原始的办法，固然能将庞大的石料运抵工地，但滚木需要大树的树干才能做成，而尼罗河流域树木十分稀少。在尼罗河岸分布最广、生长最多的是棕榈树，但古埃及人绝对不可能大片砍伐棕榈树，因为棕榈树的果实是埃及人不可缺少的粮食来源，棕榈树叶又是炎热的沙漠中唯一可以遮阳的材料。大规模砍伐棕榈树，埃及人等于在做自杀的蠢事，况且棕榈树干质地松软，是无法充当滚木的。

那么，埃及人很可能从域外进口木材。提这样设想的人并没想到，从外地输入木材就意味着古埃及人要拥有一支庞大的船队，渡海将木材运到开罗，再从开罗装上马车送到工地。

且不说4500年前埃及人是否拥有庞大的船队，光说陆上运输的马车，还是在金字塔建成后的900年后才出现在埃及的土地上的。因此，人们猜测，很可能有其他更先进的运输工具运输这些巨石，但在当时，地球上是不存在这些先进工具的。

金字塔内的外星人

在埃及还有一个惊人的发现，即考古学家称金字塔内藏有外星人或生物。保罗·加柏博士与其他考古专家，在研究埃及金字塔的内部设计技术时，偶然发现塔内密室中藏有一具冰封的物件，探测仪器显示该物件内有心跳频率及血压计，相信它已存在5000年了。

因而，专家们还认为，冰封底下是一具仍有生命力的生物。科学家们又从该塔内发现的一卷用象形文字记载的文献获知，距今约5000年前，有一辆被称为"飞天马车"的东西撞向开罗附近，并有

一名生还者。

该卷文献称生还者为设计师，考古学家相信，这个外太空人便是金字塔的设计及建造者，而金字塔是作为通知外太空的同类前往救援的标志物。

但令科学家们迷惑不解的是外太空人是如何制造一个如此稳固不会溶解的冰窖，并把自己藏身于内呢？关于金字塔的许多难解之谜，将会引起科学家们更大的兴趣。

延 伸 阅 读

埃及金字塔建于4500年前，是古埃及法老和王后的陵墓。陵墓是用巨大石块修砌成的方锥形建筑，陵墓基座为正方形，四面则是四个相等的三角形，因形似汉字"金"字，故译作"金字塔"。

复活节岛上的奇怪石像

未完成的石像

1722年，荷兰航海家雅各布·罗杰文在智利海域上航行时，发现了一个绿色的小岛，那天正好是复活节的前一天，于是它就被命名为复活节岛。

这个小岛距离智利海岸约有3700千米，是一个呈三角形的火山岛，岛上的居民大多数为混血种人，还有不到三分之一的波利尼西亚人。

1722年，荷兰人罗杰文登上复活节岛后，发现岛上生活着两种相貌奇特的人。

其中，人口比较多的属于大洋洲的棕色人种；而另一个群体则属于白色人种。他们个子很高，毛发和胡须呈红色或黄色，耳垂戴着一些0.1米至0.15米的钩子，因而显得特别长，他们被称为长耳人，是岛上的武士阶层。

这个小岛上矗立着许多巨型的石雕人像，大约有1000座，这些石雕高大而沉重，一般都有7米以上高，有的可达90多吨。

这些石雕神态各异，有些站立，注视着前方，有些倒地安睡，岿然不动，还有些身首各异，残缺凋零。所有的石像都没有腿，全部是半身像，外形大同小异。

石像的面部表情非常丰富，它们的眼睛是用发亮的黑曜石或闪光的贝壳镶嵌的，格外传神。它们额头狭长，鼻梁高挺，眼窝深凹，嘴巴噘翘，大耳垂肩，胳膊贴腹。

所有石像都面向大海，表情冷漠，神态威严。远远望去，就像一队准备出征的武士，蔚为壮观。

这些只有上半身的雕像，双臂下垂，双手按在突起的肚子上。它们有的生着一双翅膀，长着鸟一样的脑袋，有些石像则肩头耷拉着，脊梁和肋骨向前突出，而肚子则完全凹陷下去，面孔恐怖可怕。

有的雕像的耳朵几乎垂到肩上，眼睛非常突出，鼻子很弯，下巴奇特，额头很高，很尖的头顶上头发稀少，两道浓密的眉毛连成一片，所有这些特征，加上他们的表情，更加令人恐怖。

石像倒下的原因

20世纪50年代，挪威人类学家兼冒险家海伊达到复活节岛做了一次远征考古，对雕刻石像的人和石像倒下的原因提出了独特

的见解。他的依据是古老的民间传说与物证。

传说，长耳人是在扎蒂基国王的率领下，于300年左右从美洲大陆的秘鲁渡海来到复活节岛。

他们乘坐的船有三四根桅杆，两三层甲板，风帆的配置十分合理，一只船能运载好几百人，在复活节岛上的岩洞的洞壁中也曾发现这些船的形象。

长耳人庞大的舰队在复活节岛的阿纳凯纳海滩登陆，他们在那里雕刻了一个绝妙的石头圆球，被称为海岛的黄金中心。长耳人带来了天文学、航海学、建筑学、物理学和农业科学的先进知识，以及一种象形文字，对太阳的崇拜，以及甘薯、甘蔗、芦苇、鸟类、猫、猴子等。

而且石像与在南美洲发现的石像非常相似，石像上的动物都是波利尼西亚人完全不知道的。

长耳人是外星人吗

科学家相信，长耳人在岛上有着非凡的成绩，石头雕像、平台、坡道、长廊、堡垒以及在坚硬的岩石上凿出的洞穴和坑道，还有火山峰上的观象台等。

由此有人认为，复活节岛上长耳人来自外太空，根据传说，他们被称为维拉科哈斯人，也就是"飞人"。

而且他们的长相很奇特，长着像鸟一样的双翅和特大的圆脑袋和奇大无比的环形眼睛。

另外，岛上还有很多木刻的文字，使用鲨鱼齿刻写而成，有的像人，有的像鱼，有的像工具，还有的像花草树木，岛上的人称之为"说话板"。

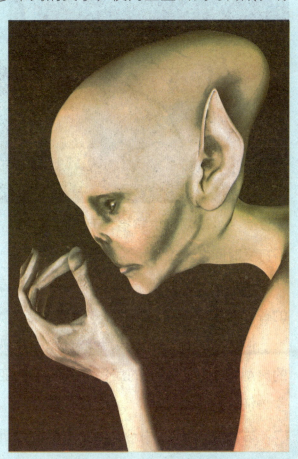

可惜这些木板曾经遭到传教士的掠夺遗失了一大半，剩下的至今也没有任何人能破释出这些文字。

海伊达指出，古代的玻利尼西亚人没有这种文字。

现代心理学家提出了一个有趣的见解：复活节岛上非常贫

瘠没有多少动物可供狩猎，而且位置偏僻，没有仗可打，长耳人为了打发时间，于是开始雕刻巨大的石像。

他们还认为，石像雕刻的是岛上土著人崇拜的神或是已死去的各个酋长或被岛民神化了的祖先等。

但是有一部分专家认为，石像的高鼻、薄嘴唇，都是白种人的典型相貌，而岛上的居民是波利尼西亚人，他们的长相没有这些特征。

另外，人们从另一个角度细细地分析，岛上的人很难用那时的原始石器工具，来完成这么大的雕刻工程。

有人测算过，在2000年前，这个岛上可提供的食物，最多只能养活2000人，在生产力非常低的石器时代，他们必须每天勤奋地去寻觅食物，才能勉强养活自己，他们哪里有时间去做这些雕刻？

况且，这种石雕像艺术性很高，专家们都对这些"巧夺天工的技艺"赞叹不已。即使是现代人，也不是每个人都能雕刻出来的，谁又能相信石器时代的波利尼西亚人，个个都是善于雕刻的艺术家呢？

既然如此，这些石像是谁雕刻成的？长耳人当时在生产力十分落

后的情况下是如何创造出超出时代的文明的？长耳人是外星人吗？以长耳人奇特的长相和他们精湛的雕刻技术，人们猜测他们很可能是外星人。

延 伸 阅 读

　　大约12世纪，玻利尼西亚人划着独木舟由西向东到达复活节岛。他们刚来到时受到长耳人的热情款待，岛上的石像就是长耳人为纪念亡者而树立的。两个种族的人和平共处了一段时间，后来，由于不同的文化、生活方式和追求终于导致了一场战争。玻利尼西亚人在内奸的协助下，攻破长耳人的要塞并将其烧毁。

麦田怪圈与外星人有关吗

最早出现的麦田怪圈

最早的麦田怪圈是1647年在英国被发现的，当时人们也不知道这是怎么一回事，所以在怪圈中做了一幅雕刻图。这幅雕刻是当时人们对麦田怪圈成因的推测，当时的麦田圈是呈逆时针方向的。

麦田怪圈常常在春天和夏天出现，遍及全世界。事实上世界上只有中国和南非没有发现麦田圈。

截至目前，全世界每年大约要出现250个麦田怪圈，图案也各有不同。发现最早的麦田怪圈据记载是1678年的古书《割麦的魔鬼》画中

一个恶魔手持镰刀在麦田里做圆形的图，此图为17世纪就存在怪圈的证据。不过图片显示魔鬼并没有让麦子弯折，而是割掉所以跟麦圈又有点不同。

全世界不断发现麦田怪圈

自20世纪80年代初，已经有2000多个这种圆圈出现在世界各地的农田里，这些圆圈使科学家和大批自命为麦田怪圈专家的人大惑不解。

最初这些圆圈只在英国威德郡和汉普郡出现，后来在英国许多地区以及加拿大、日本等10多个地区，也有人发现这种圆圈。

这种圆圈越来越大，也越来越复杂，渐渐演变成为几何图形，被英国某

些天体物理学家称之为"外星人给地球人送来的象形字"。

例如：1990年5月，英国汉普郡艾斯顿镇的一块麦田上出现了一个直径20米的圆圈，圈中的小麦呈顺时针方向的螺旋图案。在它的周围另有4个直径6米的卫星圆圈，但圈中的螺旋形是反时针方向的。

1991年7月17日，英国一名直升机驾驶员飞越史温顿市附近的巴布里城堡下的麦田时，赫然发现麦田上有个等边三角形，三角形内有个双边大圈，另外每一个角上又各有一个小圈。

1991年7月30日，英国威德郡洛克列治镇附近一片农田出现了一个怪异的鱼形图案，在接着的一个月内，另有7个类似的图案在该区出现。

但最令人感到震惊的是，1990年7月12日在英国威德郡的一个名叫阿尔顿巴尼斯小村庄发现的麦田怪圈。有一万多人参观了这个麦田怪圈，其中包括数名科学家。

这个图形长120米，由圆圈和爪状附属图形组成，几名天体物理学家参观后发表了自己的感想，他们认为：这个怪圈绝不是人为的，很可能是来自天外的信息。

见过UFO照片的科学家认为，小麦倒地的螺旋图案很像是由UFO滚过而形成的。

科学监测麦田怪圈形成

1991年6月4日，以迈克·卡利和大卫·摩根斯敦为首的6名科学家守候在英国威德郡迪韦塞斯镇附近的摩根山的山顶上的指挥站里。他们注视着一排电视屏幕，满怀期望地希望能记录到一个从未有人记录的过程：麦田怪圈的形成经过。

这个探测队有总值高达10万英镑的高科技装备：夜间观察仪器、录像机以及定向传声器。他们那具装在21米长支臂上的"天杆式"摄影机，可以使他们看清距离远的东西。

他们之所以选择侦察这个地区，是因为这一带早已成为其他研究麦田怪圈人员的研究对象，仅仅几个月内，这一带就频繁出现了10多个大小不一的麦田怪圈，这引起了研究人员的浓厚兴趣。

他们等待了20多天，屏幕上什么不寻常的东西都没有看到，直到6月29日清晨，一团浓雾降落在研究人员正在监视的那片麦田的正上方。他们虽然看不见雾里有什么，但却继续让摄影机在运行。

到了早上6时，雾开始消散，麦田上赫然出现了两个奇异的圆圈。6位研究人员大为惊愕，他们立即跑下山来仔细观察，发现在两个圆圈里面的小麦完全被压平了，并且成为完全顺时针方向的旋涡形状。麦秆虽然压弯了，但没有折断，圆圈外的小麦则丝毫未受影响。

为了防止有人弄虚作假，探测队已在麦田的边缘隐藏了几台超敏感的动作探测器。任何东西一经过它们的红外线，都会触动警报器，但是警报器整夜都没有响过。

在麦田泥泞的地上，没有任何能显示曾有人进入麦田的迹象。录像带和录音带没有录到任何线索，那两个圆圈的来历是人力无法办到的。

麦田怪圈的形成原因

这些麦田怪圈是怎么形成的呢？科学界的专家们争论不休。一般来说，专家们的论点可以分为4种：人为形成说、等离子体涡旋说、磁场说和外星人制造说。

人为形成说。一部分人认为，所谓麦田怪圈只是某些人的恶作剧。英国科学家安德鲁经过长达17年的调查研究认为，麦田怪圈有80%属于人为制造。

　　他认为，麦田怪圈是一些艺术家在黑暗掩护下制造的杰作。这些图案通常是他们喜欢的设计和当天早些时候草拟出来的，等到晚上的时候再到麦田进行绘制。

　　等离子涡旋说。从20世纪80年代以来，英国《气象学杂志》编辑，退休物理学教授泰伦斯·米登已审察过1000多个农田怪

圈，并把2000多个怪圈统一做了编号，希望能找到符合科学的解释。

　　他相信，真正的麦田怪圈是由一团旋转和带电的空气造成的。这团空气称为"等离子体涡旋"，是由一种轻微的大气扰动形成的。

　　伦斯·米登解释道：风急速地冲进小山另一边的静止空气，产生了螺旋状移动的气柱，接着，空气和电被吸进这个旋转气流，形成一股小型旋风。

　　当这个涡旋触及地面，它会把农作物压平，使农田上出现螺旋状图案。

　　磁场说。有专家认为，磁场中有一种神奇的移动力，可产生一股电流，使农作物平躺在地面上。美国专家杰弗里·威尔逊研究了130多个麦田怪圈，发现90%的怪圈附近都有连接高压电线的变压器，方圆270米内都有一个水池。

由于接受灌溉，麦田底部的土壤释放出的离子会产生负电，与高压电线相连的变压器则产生正电、电和正电碰撞后会产生电磁能，从而击倒小麦形成怪圈。

外星人制作说。很多人相信，麦田怪圈大多是在一夜之间形成，很可能是外星人的杰作。据说，很多出现麦田怪圈的地方也会出现UFO。

因此，有人认为麦田怪圈是地球以外高智慧生命体留下的标志，希望地球人类以同样的高智慧去消化这些信息；也有人

认为是地球上有特异功能的人想通过麦田怪圈与天外沟通。

这些麦田怪圈到底是如何形成的和外星人有没有关系呢？这需要依靠科学家们未来的研究来解释。

延 伸 阅 读

麦田怪圈是在麦田或其他农田上，透过某种力量把农作物压平而产生出几何图案。此现象在1970年后才开始引起公众注意。麦田怪圈中的作物平顺倒塌方式以及植物茎节点的烧焦痕迹并不是人力压平所能做到的，也有麻省理工学院学生试图用自制设备复制此一现象但依然未能达成，至今仍然没有解释该现象是何种设备或做法能够达到的。此点也是外星支持论者的主要物证基础。

外星人抹去地球人记忆

外星人挟持人类事件

外星人与地球人接触以后，都要为他们洗去记忆，似乎不想让地球人知道他们在干什么。

美国不明飞行物共同组织的人类生命体研究组有一份报告，记载着世界各地著名的劫持事件共166起，这些事件的10%与不明飞行物直接有关。该研究组的一位负责人戴维·韦布是一位物理学家，他在谈到这类劫持事件的某些特点时说：

不明飞行物乘员会在飞行物内对被劫持人进行医学检查，他们

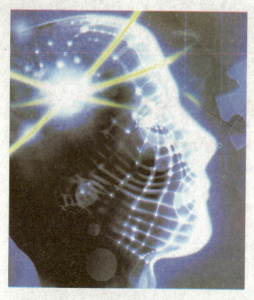

往往使被劫持的人患健忘症，他们在劫持者与被劫持者之间进行着一种难以理解的联系，使被劫持者全身瘫痪。

拥有可靠证据的劫持事件半数以上都发生在美国，其次是巴西和阿根廷。在这些劫持事件中，除了几起分别发生在1915年、1921年和1942年外，其他的事件都发生1947年以后。

从1965年起，这类事件一下子增多了。美国不明飞行物共同组织收集到的案例多发生在1970年至1975年，这5年共有80多起，占总数的53%。

1976年5月的一个早晨，一个发着强烈白光的圆型飞行器降落在秘鲁丛林中一座古代玛雅人的建筑废墟上。当地一名正在牧羊

的印地安人惊恐地看见，从飞行器中走出两名身穿铠甲的"机器人"，牧羊人要转身逃跑，可是他的腿无法挪动，而且失去了知觉。当牧羊人醒来时，已是日薄西山，发现自己躺在羊群附近，身体完好无损。

但是，当牧羊人完全恢复了神智，领着村民寻找他所见的"机器人"时，却无法找到任何"机器人"曾经来过此地的证据。村民们怀疑他在说谎。

又过了几天，牧羊人又遭遇了和上次同样的事情。与上次不同的是，他醒来时看到飞行器刚刚起飞，飞行器在空中画着圆圈渐渐远去。这时，牧羊人惊喜地发现，飞行器留下了如同飞机一样的烟雾，一圈圈飞行轨迹清晰地停留在空中。

牧羊人此时恍然大悟，飞奔下山，找来村民们观看，以证明自己没有说谎。

洗去被接触者记忆

令人更加不可思议的是，这类已知的事件仅仅是劫持事件中

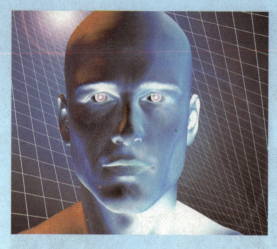

的一小部分而已。那么，为什么大部分的劫持事件没有被披露出来呢？主要是由于大多数被劫持的人事后都回忆不起自己的那段不平常的遭遇了。

当这些人能够清醒地回忆起自己曾经看到过一个不明飞行物时，而劫持情节却奇怪地消失了，这些被劫持者总觉得劫持的情节是故意从他们头脑中消失了。

他们所能记得的只是无法解释的时间上的漏洞，即有几分钟或几天时间，他们自己也不知道去了什么地方。

目前，学者们在调查劫持事件时，一般都要对被接触者进行催眠术。

哈德博士经常使用这种方法，他是用催眠术来调查不明飞行物劫持事件的先驱，也是于1968年7月，在美国科学与宇宙航行学委员会上阐述不明飞行物问题的6名科学家之一。

唤起记忆的时间倒退法

美国怀俄明大学的心理学副教授利奥·斯普林科尔博士，也是一位著名的使用催眠术来研究这类劫持事件的学者。

斯普林科尔博士曾率领一支调查组对以上两件案例进行了调查。从1962年起，这位博士成为康登委员在空中现象研究会研究员。

哈德博士和斯普林科尔博士认为，使用催眠术的时间倒退法是最有效的方法，是唤起被抑制的记忆以及证明目击者报告真实性最为可靠的方法。

这种方法在许多年后，仍然能得到验证。

1986年9月16日傍晚20时30分，在法国上比利牛斯省阿鲁隆山口的奥尔河畔，52岁的渔民阿尔贝·莫里斯正在河里打鱼。

忽然，两个圆盘状的飞行物从翻滚奔驰的乌云中迅速朝山口降下，在离地面近千米时，两个圆盘底部射出一道橘红色的光，阿尔贝·莫里斯便晕倒了。

路过的行人将晕倒在岸边的阿尔贝·莫里斯送到了医院，经过医生的催眠，莫里斯想起了自己晕倒后的一些事情：

莫里斯被吸入了一个圆盘状的飞行物中，几个矮小的怪人将他放在一个仪器下进行了全身检查。待身体检查完后，他们又把他送出了那个奇怪的飞行物外。后面的事他就记不得了。

哈德博士认为，使用催眠术来获得准确的信息可能会遇到困难，他说："首先，许多曾见到过不明飞行物、乘员的人会忘记

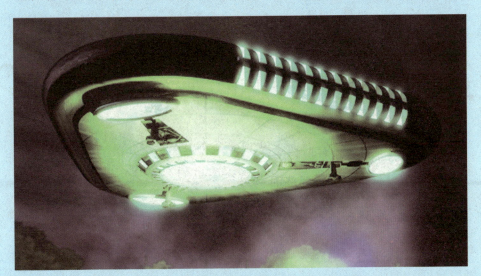

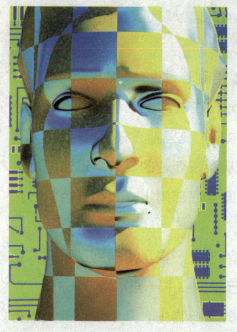

自己的那段经历，有时，一种不真实的回忆会取代真实的回忆。但是，如果几位接受催眠术的目击者回忆起来的情节都一样的话，我们就应当慎重对待了。因为处于催眠术状态的目击者，他们的心理是不可能欺骗得了反询问的，在催眠状态下，不可能有人能欺骗我。"

哈德博士认为，被劫持的人不一定都具有专门特长的人，各个民族和各个人种都有被接触者。然而，一般地说，被劫持者的智能要比普通人略微强一些。

那么，这些类人生命体将地球人劫持到不明飞行物上后，为什么要对他们进行各种各样的医学检查呢？他们为何要给地球人洗去记忆呢？这些问题，还是一个尚未揭开的谜。

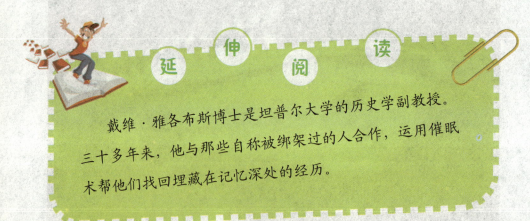

延 伸 阅 读

戴维·雅各布斯博士是坦普尔大学的历史学副教授。三十多年来，他与那些自称被绑架过的人合作，运用催眠术帮他们找回埋藏在记忆深处的经历。